1 仮分数と帯分数

月　日

点

1 下の数直線を見て，㋐～㋔には仮分数，㋕～㋘には帯分数を書きましょう。

【□1つ　4点】

①

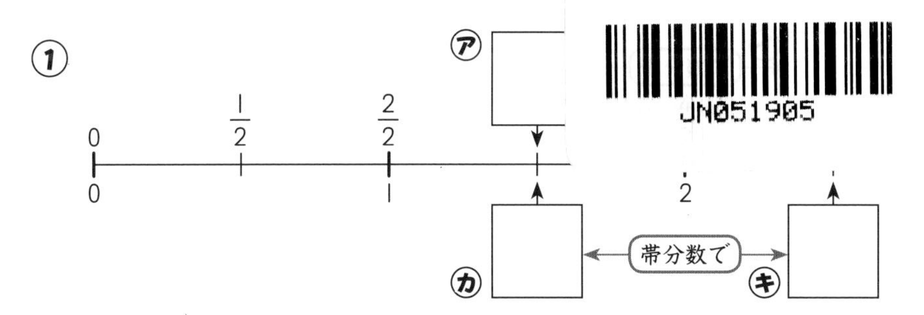

仮分数では，分子は分母に等しいか，大きくなっているね。
また，帯分数は，整数と真分数（分子が分母より小さい分数）の和になっているよ。

②

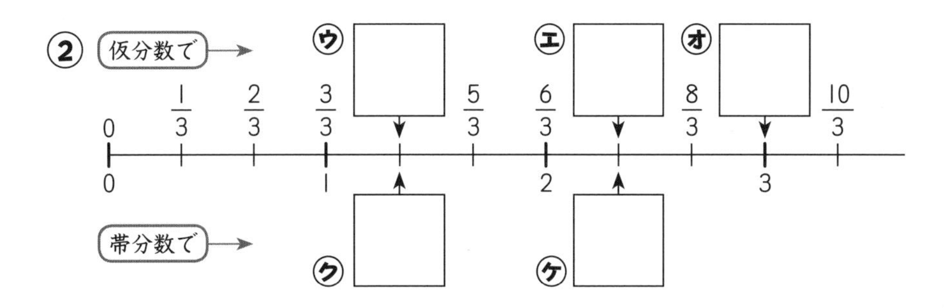

$1=\frac{3}{3}$, $2=\frac{6}{3}$ のように，整数と等しい大きさの分数は，分子÷分母がわりきれる計算になっているね。
$3\div3=1$，$6\div3=2$

2 わり算を使って，仮分数（かぶんすう）を帯分数（たいぶんすう）か整数になおします。□にあう数を書きましょう。

【1問　8点】

① $\frac{7}{4} = \square\frac{\square}{4}$ ← $7 \div 4 = 1$ あまり 3

② $\frac{20}{5} = \square$ ← $20 \div 5 = 4$

③ $\frac{17}{6} = \square\frac{\square}{\square}$　　④ $\frac{35}{7} = \square$

3 計算で，帯分数を仮分数になおします。□にあう数を書きましょう。

【1問　8点】

① $3\frac{1}{2} = \frac{\square}{2}$ ← $2 \times 3 + 1 = 7$

$3\frac{1}{2}$ は，$\frac{1}{2}$ が $2 \times 3 + 1 = 7$ で，7こ分になるということだよ。

② $1\frac{3}{5} = \frac{\square}{5}$ ← $5 \times 1 + 3 = 8$

③ $2\frac{2}{7} = \frac{\square}{\square}$　　④ $3\frac{5}{8} = \frac{\square}{\square}$

2 分母が同じ分数のたし算①

月　日

点

1 たし算をします。□にあう数を書きましょう。【1問　7点】

① $\frac{3}{5}+\frac{1}{5}=\frac{\square}{5}$　（3＋1）

$\frac{1}{5}$が3こ分 ＋ $\frac{1}{5}$が1こ分 ＝ $\frac{1}{5}$が4こ分

分母が同じ分数のたし算では，分母はそのままにして，分子だけたすよ。

② $\frac{3}{6}+\frac{2}{6}=\frac{\square}{6}$

③ $\frac{2}{7}+\frac{4}{7}=\frac{\square}{7}$

④ $\frac{2}{8}+\frac{5}{8}=\frac{\square}{8}$

⑤ $\frac{1}{9}+\frac{6}{9}=\frac{\square}{9}$

2 たし算をします。□にあう数を書きましょう。【1問　7点】

① $\frac{2}{4}+\frac{3}{4}=\frac{\square}{4}$　（2＋3）

$=\square\frac{\square}{4}$

$\frac{1}{4}$が2こ分 ＋ $\frac{1}{4}$が3こ分 ＝ $\frac{1}{4}$が5こ分

答えが仮分数(かぶんすう)になったときは，帯分数(たいぶんすう)になおすと，大きさが分かりやすくなるね。

② $\frac{2}{3}+\frac{2}{3}=\frac{\square}{3}=\square\frac{\square}{3}$

3 たし算をします。□にあう数を書きましょう。　【1問　7点】

① $\frac{1}{3}+\frac{2}{3}=\frac{\square}{3}$（1+2）

$=\square$

$\frac{1}{3}$が1こ分 ＋ $\frac{1}{3}$が2こ分 ＝ $\frac{1}{3}$が3こ分

分母と分子が同じ数になると，答えは1になるよ。

② $\frac{1}{2}+\frac{1}{2}=\frac{\square}{2}$

$=\square$

③ $\frac{5}{12}+\frac{7}{12}=\frac{\square}{12}$

$=\square$

4 たし算をしましょう。　【1問　6点】

① $\frac{1}{3}+\frac{1}{3}=$

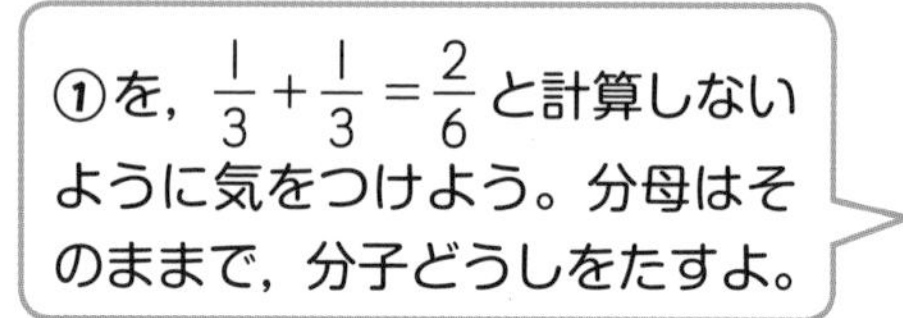

② $\frac{3}{4}+\frac{3}{4}=$

③ $\frac{4}{5}+\frac{1}{5}=$

④ $\frac{6}{7}+\frac{5}{7}=$

⑤ $\frac{9}{10}+\frac{5}{10}=$

3 分母が同じ分数のたし算②

1 たし算をします。□にあう数を書きましょう。　【1問　6点】

① $1\frac{1}{4}+1\frac{2}{4}=\square\frac{\square}{4}$

（$\frac{1}{4}+\frac{2}{4}$）（$1+1$）

たいぶんすう
帯分数を整数部分と分数部分に分けて計算しよう。

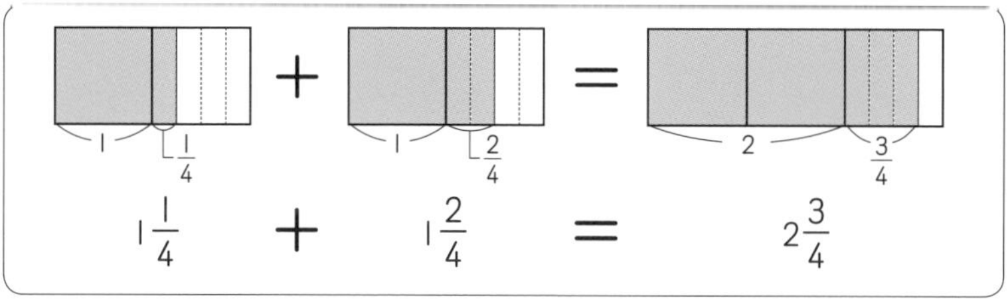

② $4\frac{1}{3}+3\frac{1}{3}=\square\frac{\square}{3}$

③ $3\frac{2}{5}+1\frac{1}{5}=\square\frac{\square}{5}$

④ $1\frac{2}{6}+5\frac{3}{6}=\square\frac{\square}{6}$

⑤ $1\frac{2}{7}+2\frac{3}{7}=\square\frac{\square}{7}$

⑥ $1\frac{1}{9}+2\frac{7}{9}=\square\frac{\square}{9}$

2 たし算をします。□にあう数を書きましょう。 【1問 8点】

① $2\frac{3}{5}+\frac{1}{5}=\boxed{2}\frac{\square}{5}$

$\frac{3}{5}+\frac{1}{5}$

② $3\frac{3}{8}+\frac{2}{8}=\square\frac{\square}{8}$

③ $\frac{4}{9}+1\frac{1}{9}=\square\frac{\square}{9}$

④ $\frac{3}{10}+2\frac{4}{10}=\square\frac{\square}{10}$

3 たし算をします。□にあう数を書きましょう。 【1問 8点】

① $3+2\frac{5}{6}=\square\frac{\boxed{5}}{6}$

3＋2

② $4+2\frac{1}{2}=\square\frac{\square}{2}$

③ $1\frac{2}{3}+5=\square\frac{\square}{3}$

④ $3\frac{3}{4}+2=\square\frac{\square}{4}$

整数部分と分数部分を分けて考えればいいんだね。

4 分母が同じ分数のたし算③

点

1 たし算をします。□にあう数を書きましょう。 【1問　10点】

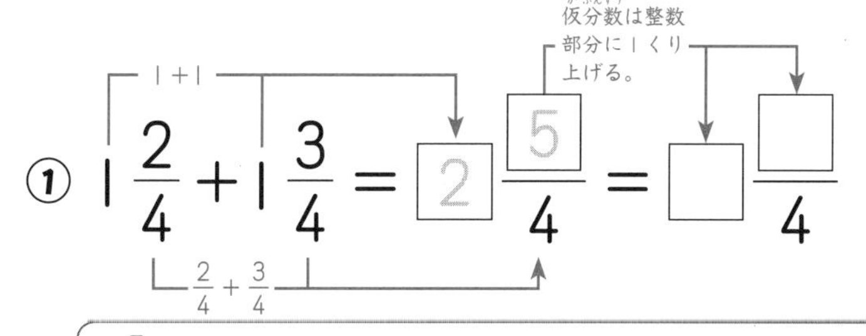

① $1\frac{2}{4}+1\frac{3}{4}=\boxed{2}\frac{\boxed{5}}{4}=\square\frac{\square}{4}$

$2\frac{5}{4}$は，答えではありません。
分数部分が仮分数になったときは，整数部分に１くり上げます。
ここでは，$2\frac{5}{4}=3\frac{1}{4}$だから，答えは$3\frac{1}{4}$です。

② $1\frac{2}{3}+1\frac{2}{3}=2\frac{\square}{3}=3\frac{\square}{3}$

③ $2\frac{4}{5}+1\frac{3}{5}=3\frac{\square}{5}=4\frac{\square}{5}$

④ $3\frac{5}{6}+1\frac{3}{6}=4\frac{\square}{6}=\square\frac{\square}{6}$

⑤ $1\frac{4}{7}+3\frac{6}{7}=4\frac{\square}{7}=\square\frac{\square}{7}$

⑥ $2\frac{6}{9}+2\frac{8}{9}=4\frac{\square}{9}=\square\frac{\square}{9}$

2 たし算をします。□にあう数を書きましょう。 【1問　5点】

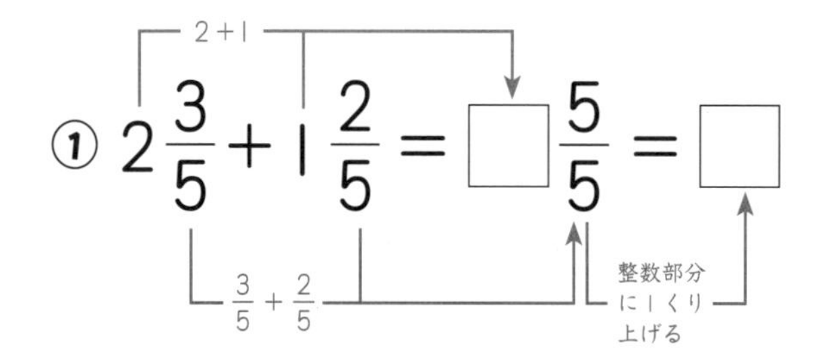

① $2\frac{3}{5}+1\frac{2}{5}=\square\frac{5}{5}=\square$

② $2\frac{1}{2}+\frac{1}{2}=\square\frac{2}{2}=\square$

③ $\frac{2}{3}+1\frac{1}{3}=\square\frac{3}{3}=\square$

④ $\frac{3}{4}+1\frac{1}{4}=1\frac{\square}{4}=\square$

⑤ $1\frac{1}{6}+1\frac{5}{6}=2\frac{\square}{6}=\square$

⑥ $2\frac{4}{7}+2\frac{3}{7}=4\frac{\square}{7}=\square$

⑦ $1\frac{2}{8}+1\frac{6}{8}=\square\frac{\square}{8}=\square$

⑧ $1\frac{7}{12}+2\frac{5}{12}=\square\frac{\square}{12}=\square$

分母と分子が同じ数の分数は1だね。

5 分母が同じ分数のひき算①

点

1 ひき算をします。□にあう数を書きましょう。 【1問　5点】

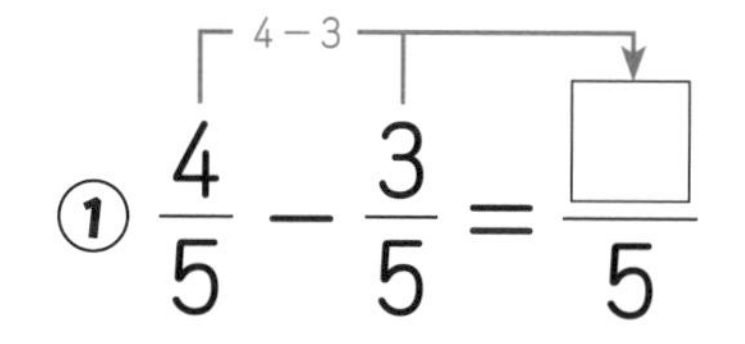

① $\frac{4}{5}-\frac{3}{5}=\frac{\square}{5}$

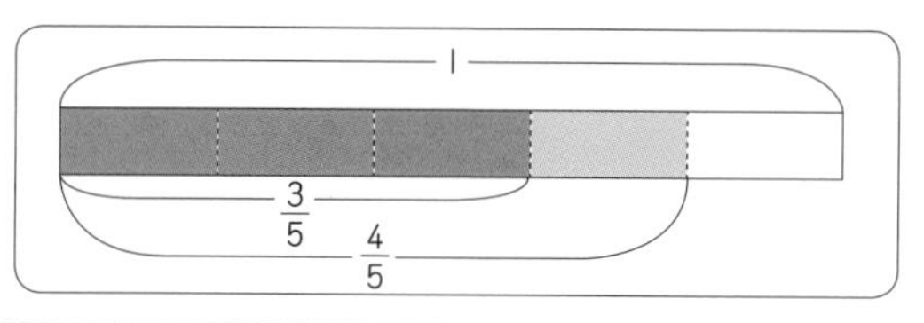

分母が同じ分数のひき算では，分母はそのままにして，分子だけひくよ。

② $\frac{3}{4}-\frac{2}{4}=\frac{\square}{4}$

③ $\frac{4}{5}-\frac{1}{5}=\frac{\square}{5}$

④ $\frac{5}{7}-\frac{3}{7}=\frac{\square}{7}$

⑤ $\frac{7}{8}-\frac{1}{8}=\frac{\square}{8}$

2 ひき算をします。□にあう数を書きましょう。 【1問　5点】

5－3

① $\frac{5}{4}-\frac{3}{4}=\frac{\square}{4}$

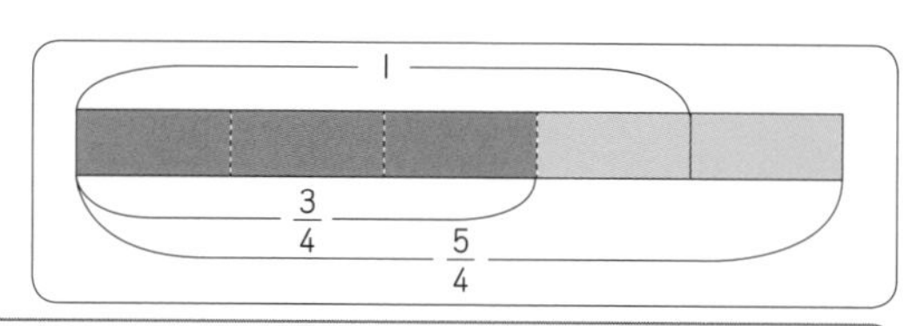

仮分数(かぶんすう)－真分数(しんぶんすう)のときも，分母はそのままにして，分子だけひくよ。

② $\frac{4}{3}-\frac{2}{3}=\frac{\square}{3}$

③ $\frac{8}{5}-\frac{4}{5}=\frac{\square}{5}$

④ $\frac{9}{7}-\frac{5}{7}=\frac{\square}{7}$

⑤ $\frac{15}{10}-\frac{9}{10}=\frac{\square}{10}$

3 ひき算をします。□にあう数を書きましょう。 【1問　5点】

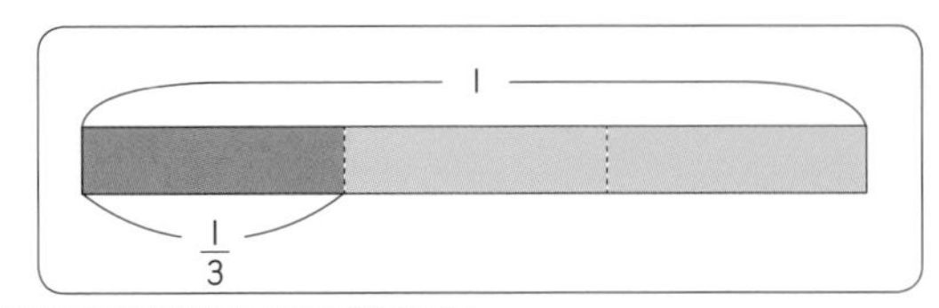

① $1-\frac{1}{3}=\frac{\square}{3}$ （$\frac{3}{3}-\frac{1}{3}$）

$1=\frac{3}{3}$だから，$\frac{3}{3}-\frac{1}{3}$を計算することになるよ。

② $1-\frac{1}{2}=\frac{\square}{2}$

③ $1-\frac{2}{5}=\frac{\square}{5}$

④ $1-\frac{5}{6}=\frac{\square}{6}$

⑤ $1-\frac{3}{8}=\frac{\square}{8}$

4 ひき算をしましょう。 【1問　5点】

① $\frac{5}{6}-\frac{1}{6}=$

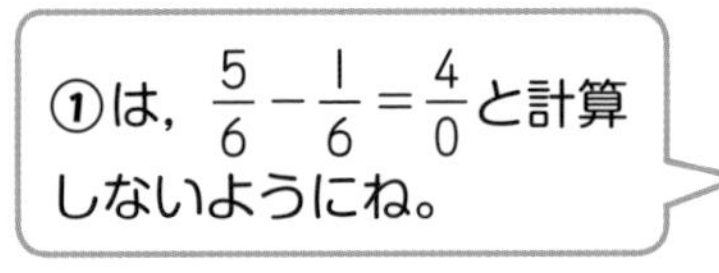

② $\frac{8}{7}-\frac{2}{7}=$

③ $\frac{11}{8}-\frac{6}{8}=$

④ $\frac{6}{9}-\frac{2}{9}=$

⑤ $1-\frac{3}{10}=$

6 分母が同じ分数のひき算②

点

1 ひき算をします。□にあう数を書きましょう。 【1問 5点】

$2-1$

① $2\frac{4}{5}-1\frac{2}{5}=\square\frac{\square}{5}$

$\frac{4}{5}-\frac{2}{5}$

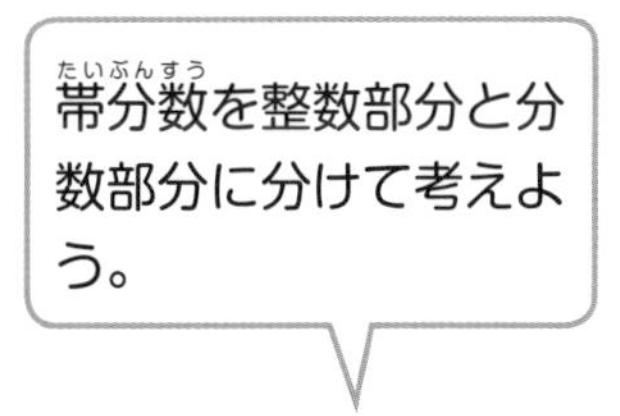

② $3\frac{2}{3}-1\frac{1}{3}=\square\frac{\square}{3}$

③ $3\frac{4}{7}-1\frac{2}{7}=\square\frac{\square}{7}$

2 ひき算をします。□にあう数を書きましょう。 【1問 5点】

① $3\frac{3}{4}-\frac{2}{4}=3\frac{\square}{4}$

$\frac{3}{4}-\frac{2}{4}$

整数部分はそのままで，分数部分をひき算するよ。

②の分数部分は，$\frac{5}{8}-\frac{5}{8}=0$ になるので，答えは整数になるね。

② $2\frac{5}{8}-\frac{5}{8}=\square$

③ $1\frac{7}{12}-\frac{4}{12}=\square\frac{\square}{12}$

3 ひき算をします。□にあう数を書きましょう。【1問　7点】

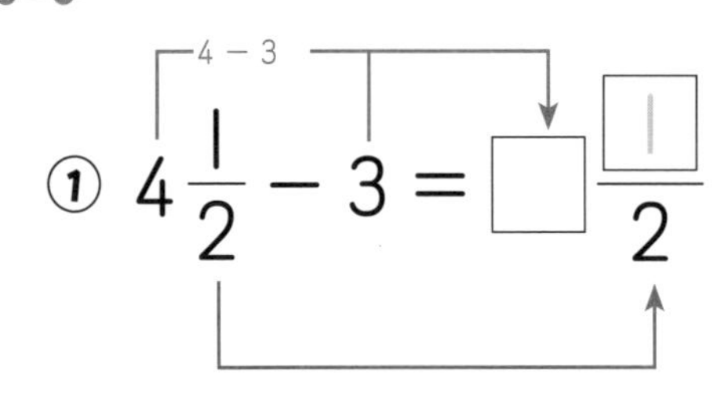

① $4\frac{1}{2}-3=\square\frac{\boxed{1}}{2}$

② $4\frac{3}{5}-2=\square\frac{\square}{5}$

③ $3\frac{1}{3}-3=\frac{\square}{3}$

答えは，分数だけになるよ。

4 ひき算をしましょう。【1問　7点】

① $3\frac{1}{2}-2=$

② $2\frac{5}{6}-2\frac{4}{6}=$

③ $4\frac{6}{7}-\frac{3}{7}=$

④ $2\frac{6}{8}-1\frac{4}{8}=$

⑤ $5\frac{7}{9}-\frac{4}{9}=$

⑥ $2\frac{8}{10}-\frac{5}{10}=$

⑦ $5\frac{9}{11}-3=$

終わったら，答え合わせを
して，まちがえたところは
みなおしをしよう。

7 分母が同じ分数のひき算③

点

1 ひき算をします。□にあう数を書きましょう。　【1問　10点】

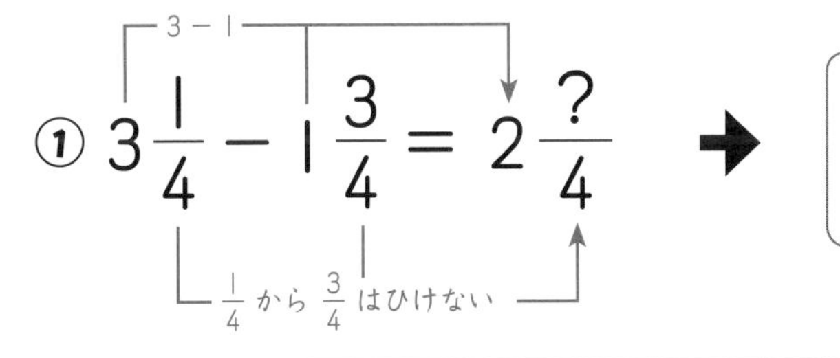

分数部分がひけないときは，整数部分から１くり下げよう。

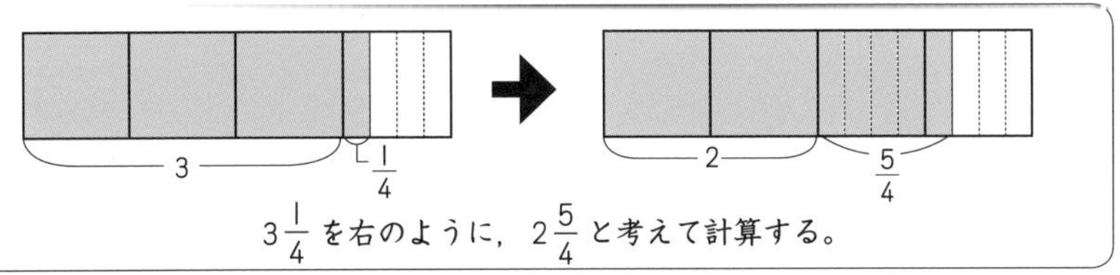

$3\frac{1}{4}$ を右のように，$2\frac{5}{4}$ と考えて計算する。

整数部分から１くり下げる

$$3\frac{1}{4}-1\frac{3}{4}=2\frac{5}{4}-1\frac{3}{4}$$

$$=\square\frac{\square}{4}$$

② $2\frac{1}{3}-1\frac{2}{3}=1\frac{\square}{3}-1\frac{2}{3}=\frac{\square}{3}$

③ $4\frac{2}{4}-1\frac{3}{4}=3\frac{\square}{4}-1\frac{3}{4}$

$$=\square\frac{\square}{4}$$

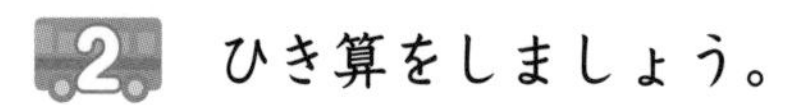

ひき算をしましょう。 【1問　10点】

① $4\frac{3}{5}-2\frac{4}{5}=$

② $3\frac{2}{6}-1\frac{5}{6}=$

③ $1\frac{3}{7}-\frac{5}{7}=$

④ $3\frac{2}{8}-2\frac{5}{8}=$

⑤ $2\frac{4}{9}-\frac{7}{9}=$

⑥ $3\frac{3}{10}-1\frac{7}{10}=$

⑦ $2\frac{7}{12}-1\frac{11}{12}=$

8 約分①

点

1 次の分数の分母と分子を2でわって約分(やくぶん)します。□にあう数を書きましょう。 【1問　5点】

① $\frac{2}{4}=\frac{1}{2}$

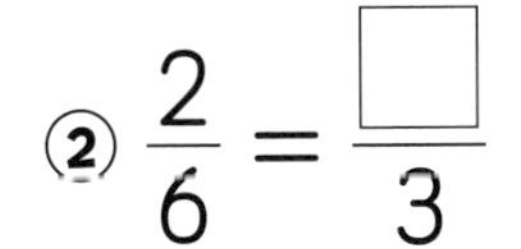

② $\frac{2}{6}=\frac{\square}{3}$

③ $\frac{4}{6}=\frac{\square}{\square}$

④ $\frac{2}{8}=\frac{\square}{\square}$

分母と分子をそれぞれ2でわります。　$\frac{2}{4}=\frac{2\div2}{4\div2}=\frac{1}{2}$

0　$\frac{2}{4}$　1

$\frac{1}{2}$

0　$\frac{2}{6}$　1

$\frac{1}{3}$

2 次の分数の分母と分子を5でわって約分します。□にあう数を書きましょう。 【1問　6点】

① $\frac{5}{10}=\frac{1}{2}$

分母と分子をそれぞれ5でわります。　$\frac{5}{10}=\frac{5\div5}{10\div5}=\frac{1}{2}$

② $\frac{5}{15}=\frac{\square}{3}$

③ $\frac{10}{15}=\frac{\square}{\square}$

④ $\frac{5}{20}=\frac{\square}{\square}$

⑤ $\frac{15}{20}=\frac{\square}{\square}$

3 次の分数を２か５で約分しましょう。 【1問　5点】

① $\frac{2}{6}$ =

② $\frac{4}{10}$ =

③ $\frac{5}{10}$ =

④ $\frac{2}{12}$ =

⑤ $\frac{10}{12}$ =

⑥ $\frac{10}{15}$ =

⑦ $\frac{5}{20}$ =

⑧ $\frac{14}{24}$ =

⑨ $\frac{10}{25}$ =

⑩ $\frac{5}{30}$ =

9 約分②

点

1 次の分数を約分します。□にあう数を書きましょう。 【1問　5点】

① $\frac{3}{6} = \frac{\square}{\square}$

約数…ある整数をわりきることのできる整数
公約数…いくつかの整数に共通な約数

分母と分子の公約数をさがそう。
6と3の公約数は3だから，$\frac{3}{6} = \frac{3 \div 3}{6 \div 3} = \frac{1}{2}$

② $\frac{3}{9} = \frac{\square}{\square}$

③ $\frac{6}{9} = \frac{\square}{\square}$

2 2つの数の公約数を見つけてから約分します。□にあう数を書きましょう。 【1問　5点】

① (6，8) 公約数は→ 2 ，$\frac{6}{8} = \frac{\square}{\square}$

② (5，10) 公約数は→ □ ，$\frac{5}{10} = \frac{\square}{\square}$

③ (7，14) 公約数は→ □ ，$\frac{7}{14} = \frac{\square}{\square}$

3 次の分数を約分しましょう。

【1問　7点】

① $\frac{3}{12}=$

② $\frac{2}{14}=$

③ $\frac{6}{12}=$

④ $\frac{3}{15}=$

⑤ $\frac{9}{15}=$

⑥ $\frac{5}{15}=$

⑦ $\frac{10}{15}=$

⑧ $\frac{10}{35}=$

⑨ $\frac{21}{35}=$

⑩ $\frac{28}{35}=$

10 約分③

月　日

点

1 次の分数を，分母と分子の最大公約数(さいだいこうやくすう)を見つけて約分(やくぶん)します。□にあう数を書きましょう。【1問　5点】

① $\frac{4}{8}=\frac{\square}{\square}$

最大公約数…公約数のうちで，いちばん大きい数

$\frac{4}{8}=\frac{4 \div 2}{8 \div 2}=\frac{2}{4}$ → $\frac{2}{4}=\frac{2 \div 2}{4 \div 2}=\frac{1}{2}$

上のように約分するよりも，分母と分子の最大公約数の 4 を使えば，一度で約分できるね。

$\frac{4}{8}=\frac{4 \div 4}{8 \div 4}=\frac{1}{2}$

② $\frac{4}{12}=\frac{\square}{\square}$

③ $\frac{8}{12}=\frac{\square}{\square}$

2 2つの数の最大公約数を見つけてから約分します。□にあう数を書きましょう。【1問　5点】

① (6，12) 最大公約数は→ 6 ，$\frac{6}{12}=\frac{\square}{\square}$

② (4，16) 最大公約数は→ □ ，$\frac{4}{16}=\frac{\square}{\square}$

③ (8，20) 最大公約数は→ □ ，$\frac{8}{20}=\frac{\square}{\square}$

次の２つの数の最大公約数を求めます。□にあう数を書きましょう。

【1問　5点】

① $(2,\ 4) \longrightarrow \square$

② $(6,\ 9) \longrightarrow \square$

③ $(9,\ 15) \longrightarrow \square$

④ $(4,\ 8) \longrightarrow \square$

⑤ $(8,\ 12) \longrightarrow \square$

⑥ $(14,\ 21) \longrightarrow \square$

4 次の分数を約分しましょう。

【1問　4点】

① $\frac{8}{16} =$

② $\frac{12}{16} =$

③ $\frac{6}{18} =$

④ $\frac{12}{18} =$

⑤ $\frac{4}{20} =$

⑥ $\frac{10}{20} =$

⑦ $\frac{6}{24} =$

⑧ $\frac{8}{24} =$

⑨ $\frac{16}{24} =$

⑩ $\frac{18}{24} =$

11 約分④

1 時間を分数で表します。□にあう数を書きましょう。【1問　5点】

① 15分＝$\frac{15}{60}$時間 ＝$\frac{\square}{12}$時間 ＝$\frac{\square}{4}$時間

（5でわる → 3でわる）

1時間＝60分だから，□分は$\frac{\square}{60}$時間になるよ。

② 20分＝$\frac{\square}{60}$時間 ＝$\frac{\square}{3}$時間

③ 45分＝$\frac{\square}{60}$時間 ＝$\frac{\square}{4}$時間

④ 10分＝$\frac{\square}{60}$時間 ＝$\frac{\square}{6}$時間

⑤ 30分＝$\frac{\square}{60}$時間 ＝$\frac{\square}{2}$時間

⑥ 48分＝$\frac{\square}{60}$時間 ＝$\frac{\square}{5}$時間

2 次の分数を約分しましょう。【1問　5点】

① $\frac{2}{8}=$

② $\frac{3}{12}=$

③ $\frac{4}{16}=$

④ $\frac{5}{15}=$

⑤ $\frac{9}{18}=$

⑥ $\frac{14}{21}=$

⑦ $\frac{13}{39}=$

⑧ $\frac{2}{12}=$

⑨ $\frac{9}{12}=$

⑩ $\frac{12}{20}=$

⑪ $\frac{20}{25}=$

⑫ $\frac{24}{30}=$

⑬ $\frac{28}{35}=$

⑭ $\frac{32}{40}=$

12 通分①

月　日

点

1 分母と分子に同じ数をかけて，大きさの等しい分数をつくります。□にあう数を書きましょう。【1問　5点】

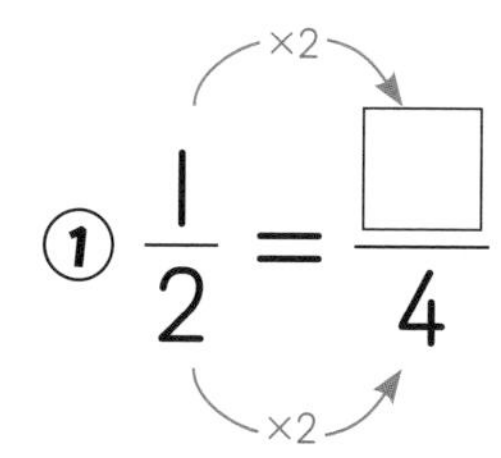

① $\frac{1}{2} = \frac{\square}{4}$ （分母・分子 ×2）

分母と分子に同じ数をかけても，分数の大きさは変わらないね。約分（やくぶん）のぎゃくだよ。

② $\frac{1}{2} = \frac{\square}{6}$ （分母・分子 ×3）

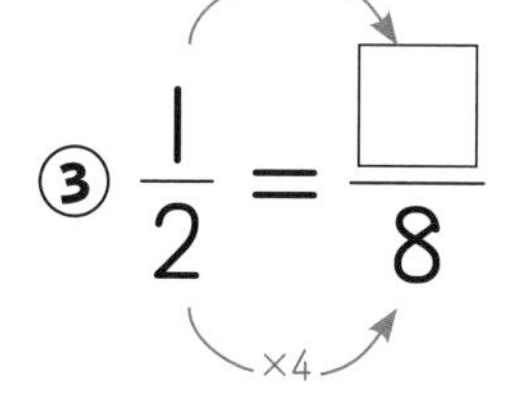

③ $\frac{1}{2} = \frac{\square}{8}$ （分母・分子 ×4）

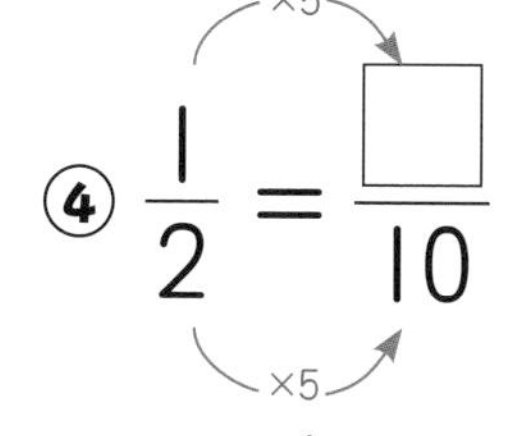

④ $\frac{1}{2} = \frac{\square}{10}$ （分母・分子 ×5）

⑤ $\frac{1}{2} = \frac{\square}{12}$ （分母・分子 ×6）

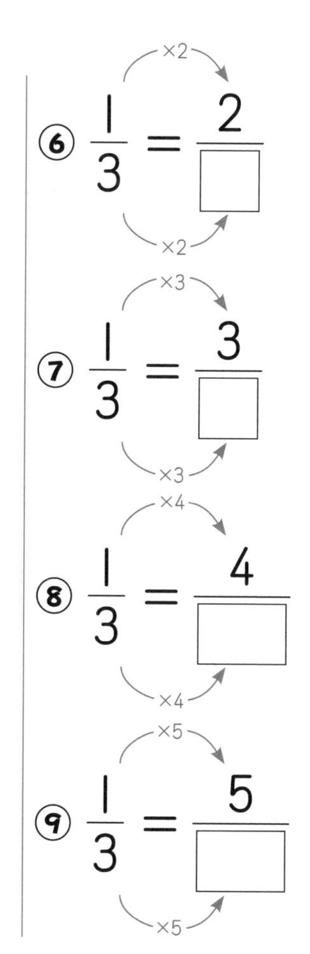

⑥ $\frac{1}{3} = \frac{2}{\square}$ （分母・分子 ×2）

⑦ $\frac{1}{3} = \frac{3}{\square}$ （分母・分子 ×3）

⑧ $\frac{1}{3} = \frac{4}{\square}$ （分母・分子 ×4）

⑨ $\frac{1}{3} = \frac{5}{\square}$ （分母・分子 ×5）

2 大きさの等しい分数をつくります。□にあう数を書きましょう。

【1問　5点】

① $\frac{2}{3} = \frac{\square}{6}$

② $\frac{3}{5} = \frac{9}{\square}$

③ $\frac{2}{4} = \frac{\square}{12}$

④ $\frac{5}{7} = \frac{10}{\square}$

⑤ $\frac{4}{5} = \frac{\square}{20}$

⑥ $\frac{7}{8} = \frac{\square}{24}$

⑦ $\frac{8}{10} = \frac{\square}{50}$

⑧ $\frac{4}{6} = \frac{\square}{24}$

⑨ $\frac{3}{7} = \frac{6}{\square}$

⑩ $\frac{1}{4} = \frac{5}{\square}$

⑪ $\frac{6}{9} = \frac{24}{\square}$

分母と分子に同じ
数をかけるよ。

13 通分②

月　日

点

1 □にあう数を書きましょう。【1問　6点】

① 4の倍数（ばいすう）を小さいほうから順に書きましょう。

4，8，12，□，□，□，□，□

② 6の倍数を小さいほうから順に書きましょう。

6，12，□，□，□，□，□

4，8，12，……は，4を1倍，2倍，3倍，……した数です。このような数を4の倍数（ばいすう）といいます。

③ 4の倍数でもあり，6の倍数でもある数を小さいほうから順に書きましょう。

□，□，□，□，□

4の倍数でもあり，6の倍数でもある数を4と6の公倍数（こうばいすう）といいます。

④ 6と9の公倍数を小さいほうから順に書きましょう。

□，□，□，□

⑤ 4と8の公倍数を小さいほうから順に書きましょう。

□，□，□，□

2 □にあう数を書きましょう。

【1問　7点】

① 6と9の公倍数でいちばん小さい数は □

② 4と8の公倍数でいちばん小さい数は □

公倍数のうちで，いちばん小さい数を，最小公倍数といいます。

3 次の2つの数の最小公倍数を求めます。□にあう数を書きましょう。

【1問　7点】

① (2，3) → □

② (4，6) → □

③ (6，8) → □

④ (3，6) → □

⑤ (3，5) → □

⑥ (3，9) → □

⑦ (3，4) → □

⑧ (8，12) → □

14 通分③

1 次の分数を通分(つうぶん)します。□にあう数を書きましょう。 【1問 6点】

① $\left(\frac{1}{4}, \frac{2}{3}\right)$ $\left(\frac{\square}{12}, \frac{\square}{12}\right)$

×3 ×4 ×3 ×4

② $\left(\frac{1}{4}, \frac{2}{5}\right)$ $\left(\frac{\square}{20}, \frac{\square}{20}\right)$

③ $\left(\frac{3}{4}, \frac{5}{6}\right)$ $\left(\frac{\square}{12}, \frac{\square}{12}\right)$

④ $\left(\frac{3}{8}, \frac{5}{12}\right)$ $\left(\frac{\square}{24}, \frac{\square}{24}\right)$

⑤ $\left(\frac{3}{2}, \frac{4}{3}\right)$ $\left(\frac{\square}{6}, \frac{\square}{6}\right)$

⑥ $\left(1\frac{2}{3}, 1\frac{7}{12}\right)$ $\left(1\frac{\square}{12}, 1\frac{\square}{12}\right)$

2 次の分数を通分しましょう。
（共通の分母は，２つの分母の最小公倍数にしましょう。）【1問　8点】

① $\left(\frac{1}{2}, \frac{2}{3}\right)$　（　　　，　　　）

② $\left(\frac{3}{5}, \frac{1}{2}\right)$　（　　　，　　　）

③ $\left(\frac{1}{3}, \frac{3}{4}\right)$　（　　　，　　　）

④ $\left(\frac{2}{5}, \frac{1}{6}\right)$　（　　　，　　　）

⑤ $\left(\frac{1}{6}, \frac{2}{9}\right)$　（　　　，　　　）

⑥ $\left(\frac{3}{5}, \frac{7}{15}\right)$　（　　　，　　　）

⑦ $\left(\frac{7}{5}, \frac{5}{4}\right)$　（　　　，　　　）

⑧ $\left(1\frac{1}{6}, 1\frac{1}{8}\right)$　（　　　，　　　）

15 分母がちがう分数のたし算①

1 たし算をします。□にあう数を書きましょう。 【1問　6点】

① $\frac{1}{2}+\frac{1}{4}=\frac{\square}{4}+\frac{1}{4}=\frac{\square}{4}$

（×2、×2）

分母がちがう分数のたし算は，分母を同じ数に（通分（つうぶん））して計算するよ。

② $\frac{2}{3}+\frac{1}{6}=\frac{\square}{6}+\frac{1}{6}=\frac{\square}{6}$

③ $\frac{1}{3}+\frac{2}{9}=\frac{\square}{9}+\frac{2}{9}=\frac{\square}{9}$

④ $\frac{1}{8}+\frac{1}{4}=\frac{1}{8}+\frac{\square}{8}=\frac{\square}{8}$

⑤ $\frac{3}{8}+\frac{1}{2}=\frac{3}{8}+\frac{\square}{8}=\frac{\square}{8}$

⑥ $\frac{3}{10}+\frac{2}{5}=\frac{3}{10}+\frac{\square}{10}=\frac{\square}{10}$

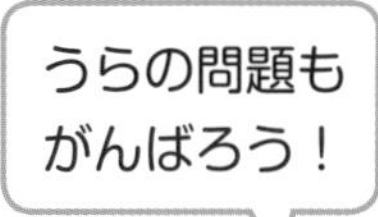

2 たし算をしましょう。 【1問　8点】

① $\frac{1}{4}+\frac{3}{8}=$

② $\frac{1}{3}+\frac{4}{9}=$

③ $\frac{1}{5}+\frac{1}{10}=$

④ $\frac{1}{10}+\frac{4}{5}=$

⑤ $\frac{1}{2}+\frac{1}{12}=$

⑥ $\frac{1}{3}+\frac{7}{12}=$

⑦ $\frac{5}{12}+\frac{1}{6}=$

⑧ $\frac{3}{5}+\frac{4}{15}=$

16 分母がちがう分数のたし算②

月　日

点

1 たし算をします。□にあう数を書きましょう。【1問　6点】

① $\frac{1}{2}+\frac{1}{3}=\frac{\square}{6}+\frac{\square}{6}=\frac{\square}{6}$

分母がちがうから通分(つうぶん)するよ。
2 の倍数(ばいすう)…2, 4, ⑥, …
3 の倍数…3, ⑥, 9, …
2 と 3 の共通な倍数(公倍数(こうばいすう))の 6 を分母にすればいいね。

② $\frac{2}{3}+\frac{1}{4}=\frac{\square}{12}+\frac{\square}{12}=\frac{\square}{12}$

③ $\frac{1}{5}+\frac{3}{4}=\frac{\square}{20}+\frac{\square}{20}=\frac{\square}{20}$

④ $\frac{2}{5}+\frac{1}{3}=\frac{\square}{15}+\frac{\square}{15}=\frac{\square}{15}$

⑤ $\frac{1}{6}+\frac{3}{5}=\frac{\square}{30}+\frac{\square}{30}=\frac{\square}{30}$

⑥ $\frac{2}{5}+\frac{1}{2}=\frac{\square}{10}+\frac{\square}{10}=\frac{\square}{10}$

2 たし算をしましょう。 【1問　8点】

① $\frac{3}{5}+\frac{1}{4}=$

② $\frac{1}{3}+\frac{4}{7}=$

③ $\frac{1}{8}+\frac{2}{3}=$

④ $\frac{1}{3}+\frac{3}{10}=$

⑤ $\frac{2}{7}+\frac{3}{5}=$

⑥ $\frac{2}{9}+\frac{3}{4}=$

⑦ $\frac{5}{7}+\frac{1}{6}=$

⑧ $\frac{1}{5}+\frac{4}{9}=$

17 分母がちがう分数のたし算③

月　日

点

1 分母の最小公倍数で通分して，たし算をします。□にあう数を書きましょう。 【1問　5点】

① $\frac{1}{4}+\frac{1}{6}=\frac{\square}{12}+\frac{\square}{12}=\frac{\square}{12}$

4と6の最小公倍数は12

分母どうしをかけて，

$\frac{1}{4}+\frac{1}{6}=\frac{6}{24}+\frac{4}{24}=\frac{10}{24}=\frac{5}{12}$ と計算するよりも，分母の最小公倍数で，

$\frac{1}{4}+\frac{1}{6}=\frac{3}{12}+\frac{2}{12}=\frac{5}{12}$ のように計算したほうがかんたんだよ。

最小公倍数の求め方

（4の倍数）…4，8，12，…

（6の倍数）…6，12，18，…

※ 4と6に共通な倍数のうちで，いちばん小さい数を求めるよ。

② 4と10の最小公倍数は20だから，

$\frac{3}{4}+\frac{1}{10}=\frac{\square}{20}+\frac{\square}{20}=\frac{\square}{20}$

③ 8と6の最小公倍数は24だから，

$\frac{1}{8}+\frac{5}{6}=\frac{\square}{24}+\frac{\square}{24}=\frac{\square}{24}$

大きい数の倍数の中から小さい数でわれる数をさがそう。

④ 12と8の最小公倍数は24だから，

$\frac{5}{12}+\frac{3}{8}=\frac{\square}{24}+\frac{\square}{24}=\frac{\square}{24}$

2 たし算をしましょう。

【1問　10点】

① $\frac{3}{4}+\frac{1}{6}=$

② $\frac{1}{6}+\frac{2}{9}=$

③ $\frac{4}{9}+\frac{1}{6}=$

④ $\frac{3}{10}+\frac{1}{4}=$

⑤ $\frac{1}{8}+\frac{1}{6}=$

⑥ $\frac{1}{6}+\frac{3}{8}=$

⑦ $\frac{3}{8}+\frac{1}{12}=$

⑧ $\frac{1}{9}+\frac{1}{12}=$

18 分母がちがう分数のたし算④

月　日

点

1 たし算をします。□にあう数を書きましょう。【1問　4点】

① $\frac{5}{6}+\frac{1}{10}=\frac{\square}{30}+\frac{\square}{30}=\frac{\square}{30}=\frac{\square}{15}$

通分する　　約分する

答えが約分できるときは，必ず約分しよう。

② $\frac{1}{2}+\frac{1}{6}=\frac{\square}{6}+\frac{1}{6}=\frac{\square}{6}=\frac{\square}{3}$

通分する　　約分する

③ $\frac{1}{12}+\frac{2}{3}=\frac{1}{12}+\frac{\square}{12}=\frac{\square}{12}=\frac{\square}{4}$

通分する　　約分する

④ $\frac{1}{4}+\frac{1}{6}=\frac{\square}{12}+\frac{\square}{12}=\frac{\square}{12}$

⑤ $\frac{7}{20}+\frac{2}{5}=\frac{7}{20}+\frac{\square}{20}=\frac{\square}{20}=\frac{\square}{4}$

2 たし算をしましょう。 【1問　10点】

① $\frac{1}{5}+\frac{3}{10}=$

② $\frac{1}{3}+\frac{5}{12}=$

③ $\frac{5}{12}+\frac{1}{4}=$

④ $\frac{5}{18}+\frac{2}{9}=$

⑤ $\frac{3}{20}+\frac{1}{4}=$

⑥ $\frac{1}{5}+\frac{1}{20}=$

⑦ $\frac{1}{10}+\frac{11}{15}=$

⑧ $\frac{1}{6}+\frac{1}{10}=$

19 分母がちがう分数のたし算⑤

月　日　　点

1 たし算をします。□にあう数を書きましょう。【1問　5点】

① $\frac{1}{4}+\frac{5}{6}=\frac{\square}{12}+\frac{\square}{12}=\frac{\square}{12}=1\frac{\square}{12}$

通分(つうぶん)する　　帯分数(たいぶんすう)にする

仮分数(かぶんすう)のままで答えてもまちがいではないけれど，仮分数を帯分数にすると，分数の大きさがわかりやすくなるよ。

② $\frac{2}{3}+\frac{3}{5}=\frac{\square}{15}+\frac{\square}{15}=\frac{\square}{15}=1\frac{\square}{15}$

通分する　　帯分数にする

③ $\frac{1}{2}+\frac{5}{6}=\frac{\square}{6}+\frac{5}{6}=\frac{\square}{6}=\frac{\square}{3}$

通分する　　約分(やくぶん)する　　帯分数にする

$=1\frac{\square}{3}$

約分できるときは，わすれずに約分しよう。

④ $\frac{11}{12}+\frac{1}{3}=\frac{11}{12}+\frac{\square}{12}=\frac{\square}{12}=\frac{\square}{4}=1\frac{\square}{4}$

2 たし算をしましょう。答えは帯分数（たいぶんすう）で求めましょう。【1問　10点】

① $\frac{2}{3}+\frac{1}{2}=$

② $\frac{3}{4}+\frac{5}{8}=$

③ $\frac{3}{4}+\frac{1}{3}=$

④ $\frac{4}{5}+\frac{1}{4}=$

⑤ $\frac{2}{3}+\frac{5}{6}=$

⑥ $\frac{3}{4}+\frac{7}{20}=$

⑦ $\frac{3}{10}+\frac{5}{6}=$

⑧ $\frac{13}{15}+\frac{1}{3}=$

20 分母がちがう分数のたし算⑥

1 たし算をします。□にあう数を書きましょう。 【1問 5点】

① $1\frac{1}{2}+2\frac{1}{3}=1\frac{\square}{6}+2\frac{\square}{6}=3\frac{\square}{6}$

通分(つうぶん)する

② $1\frac{1}{4}+1\frac{3}{5}=1\frac{\square}{20}+1\frac{\square}{20}$

$=2\frac{\square}{20}$

③ $1\frac{1}{6}+2\frac{1}{3}=1\frac{1}{6}+2\frac{\square}{6}$

$=3\frac{\square}{6}=3\frac{\square}{2}$

約分(やくぶん)する

約分できるときは，わすれずに約分しよう。

④ $2\frac{1}{2}+1\frac{3}{10}=2\frac{\square}{10}+1\frac{3}{10}$

$=3\frac{\square}{10}=3\frac{\square}{5}$

2 たし算をしましょう。答えは帯分数で求めましょう。【1問　10点】

① $3\frac{1}{4}+2\frac{1}{2}=$

② $1\frac{1}{2}+1\frac{2}{5}=$

③ $2\frac{1}{4}+1\frac{2}{3}=$

④ $1\frac{3}{4}+3\frac{1}{6}=$

⑤ $1\frac{2}{5}+2\frac{1}{10}=$

⑥ $2\frac{1}{12}+2\frac{3}{4}=$

⑦ $1\frac{1}{3}+1\frac{1}{15}=$

⑧ $1\frac{8}{21}+2\frac{2}{7}=$

21 分母がちがう分数のたし算⑦

月　日　　点

1 たし算をします。□にあう数を書きましょう。【1問　10点】

① $1\frac{1}{3}+2\frac{3}{4}=1\frac{\square}{12}+2\frac{\square}{12}$

$=3\frac{\square}{12}=4\frac{\square}{12}$

② $1\frac{1}{2}+2\frac{2}{3}=1\frac{\square}{6}+2\frac{\square}{6}$

$=3\frac{\square}{6}=4\frac{\square}{6}$

③ $1\frac{7}{15}+\frac{5}{6}=1\frac{\square}{30}+\frac{\square}{30}$

$=1\frac{\square}{30}=1\frac{\square}{10}=2\frac{\square}{10}$

$1\frac{39}{30}=2\frac{9}{30}=2\frac{3}{10}$ としてもいいよ。
約分(やくぶん)できるときは，約分するのをわすれないようにしてね。

2 たし算をしましょう。

【1問　10点】

① $1\frac{1}{2}+\frac{5}{8}=$

② $\frac{3}{4}+3\frac{2}{5}=$

③ $\frac{2}{3}+3\frac{3}{8}=$

④ $3\frac{5}{6}+1\frac{7}{9}=$

⑤ $3\frac{2}{3}+\frac{5}{6}=$

⑥ $2\frac{1}{2}+\frac{7}{10}=$

⑦ $2\frac{3}{4}+1\frac{5}{12}=$

22 分母がちがう分数のひき算①

月　日

点

1 ひき算をします。□にあう数を書きましょう。　【1問　5点】

①　$\frac{1}{2}-\frac{1}{4}=\frac{\square}{4}-\frac{1}{4}=\frac{\square}{4}$

×2　×2

分母がちがう分数のひき算は，通分(つうぶん)して計算します。

②　$\frac{1}{4}-\frac{1}{8}=\frac{\square}{8}-\frac{1}{8}=\frac{\square}{8}$

③　$\frac{5}{6}-\frac{2}{3}=\frac{5}{6}-\frac{\square}{6}=\frac{\square}{6}$

④　$\frac{4}{5}-\frac{1}{10}=\frac{\square}{10}-\frac{1}{10}=\frac{\square}{10}$

⑤　$\frac{4}{9}-\frac{1}{3}=\frac{4}{9}-\frac{\square}{9}=\frac{\square}{9}$

⑥　$\frac{5}{6}-\frac{5}{12}=\frac{\square}{12}-\frac{5}{12}=\frac{\square}{12}$

2 ひき算をしましょう。

【1問　10点】

① $\frac{1}{3}-\frac{1}{6}=$

② $\frac{1}{2}-\frac{1}{8}=$

③ $\frac{1}{2}-\frac{3}{8}=$

④ $\frac{3}{4}-\frac{3}{8}=$

⑤ $\frac{1}{3}-\frac{1}{9}=$

⑥ $\frac{2}{3}-\frac{2}{9}=$

⑦ $\frac{2}{3}-\frac{1}{10}=$

23 分母がちがう分数のひき算②

月　日

点

1 分母の最小公倍数で通分して，ひき算をします。□にあう数を書きましょう。

【1問　5点】

① $\frac{1}{2}-\frac{2}{5}=\frac{\square}{10}-\frac{\square}{10}=\frac{\square}{10}$

2と5の最小公倍数は10だから，10で通分する。

② $\frac{3}{4}-\frac{1}{6}=\frac{\square}{12}-\frac{\square}{12}=\frac{\square}{12}$

4と6の最小公倍数は12

③ $\frac{2}{3}-\frac{1}{5}=\frac{\square}{15}-\frac{\square}{15}=\frac{\square}{15}$

④ $\frac{5}{8}-\frac{1}{6}=\frac{\square}{24}-\frac{\square}{24}=\frac{\square}{24}$

⑤ $\frac{8}{9}-\frac{5}{6}=\frac{\square}{18}-\frac{\square}{18}=\frac{\square}{18}$

⑥ $\frac{7}{6}-\frac{2}{5}=\frac{\square}{30}-\frac{\square}{30}=\frac{\square}{30}$

2 ひき算をしましょう。

【1問　10点】

① $\frac{1}{2}-\frac{1}{5}=$

② $\frac{4}{5}-\frac{1}{2}=$

③ $\frac{3}{5}-\frac{1}{3}=$

④ $\frac{1}{3}-\frac{1}{5}=$

⑤ $\frac{1}{4}-\frac{1}{5}=$

⑥ $\frac{5}{4}-\frac{1}{3}=$

⑦ $\frac{10}{9}-\frac{5}{6}=$

24 分母がちがう分数のひき算③

1 ひき算をします。□にあう数を書きましょう。 【1問　5点】

① $\frac{2}{3}-\frac{1}{6}=\frac{\square}{6}-\frac{1}{6}=\frac{\square}{6}=\frac{\square}{2}$

通分(つうぶん)する　約分(やくぶん)する

分数の計算では，必ず約分できるかどうかを確(たし)かめよう。

② $\frac{5}{6}-\frac{1}{2}=\frac{5}{6}-\frac{\square}{6}=\frac{\square}{6}=\frac{\square}{3}$

通分する　約分する

③ $\frac{9}{10}-\frac{5}{6}=\frac{\square}{30}-\frac{\square}{30}=\frac{\square}{30}=\frac{\square}{15}$

④ $\frac{1}{2}-\frac{1}{6}=\frac{\square}{6}-\frac{1}{6}=\frac{\square}{6}=\frac{\square}{3}$

⑤ $\frac{6}{5}-\frac{7}{10}=\frac{\square}{10}-\frac{7}{10}=\frac{\square}{10}=\frac{\square}{2}$

⑥ $\frac{13}{12}-\frac{1}{4}=\frac{13}{12}-\frac{\square}{12}=\frac{\square}{12}=\frac{\square}{6}$

2 ひき算をしましょう。　　【1問　10点】

① $\frac{1}{2} - \frac{1}{10} =$

② $\frac{4}{5} - \frac{3}{10} =$

③ $\frac{7}{10} - \frac{1}{5} =$

④ $\frac{11}{10} - \frac{3}{5} =$

⑤ $\frac{14}{15} - \frac{1}{3} =$

⑥ $\frac{7}{20} - \frac{1}{4} =$

⑦ $\frac{7}{6} - \frac{7}{10} =$

25 分母がちがう分数のひき算④

1 ひき算をします。□にあう数を書きましょう。 【1問 10点】

① $2\frac{1}{2} - 1\frac{1}{3} = 2\frac{\square}{6} - 1\frac{\square}{6}$

通分する

$= 1\frac{\square}{6}$

整数部分と，分数部分をそれぞれひく。

② $2\frac{2}{3} - 1\frac{1}{6} = 2\frac{\square}{6} - 1\frac{1}{6}$

通分する

$= 1\frac{\square}{6} = 1\frac{\square}{2}$

約分する

約分をわすれないでね。

③ $3\frac{5}{9} - 2\frac{1}{6} = 3\frac{\square}{18} - 2\frac{\square}{18}$

$= 1\frac{\square}{18}$

2 ひき算をしましょう。答えは帯分数で求めましょう。【1問　10点】

① $3\frac{5}{6}-1\frac{1}{3}=$

② $3\frac{1}{3}-1\frac{2}{9}=$

③ $2\frac{1}{2}-1\frac{3}{10}=$

④ $4\frac{7}{10}-2\frac{1}{2}=$

⑤ $3\frac{1}{4}-1\frac{1}{10}=$

⑥ $2\frac{5}{6}-1\frac{1}{8}=$

⑦ $2\frac{3}{4}-1\frac{5}{7}=$

26 分母がちがう分数のひき算⑤

月　日

点

1 ひき算をします。□にあう数を書きましょう。　【1問　10点】

① $3\frac{1}{2}-1\frac{2}{3}=3\frac{\square}{6}-1\frac{\square}{6}$

$\frac{3}{6}$から$\frac{4}{6}$はひけない

$=2\frac{\square}{6}-1\frac{\square}{6}$

$=1\frac{5}{6}$

分数部分がひけないときは，
整数部分から１くり下げよう。

② $1\frac{1}{5}-\frac{5}{6}=1\frac{\square}{30}-\frac{\square}{30}$

$=\frac{\square}{30}-\frac{\square}{30}$

$=\frac{\square}{30}$

2 ひき算をしましょう。答えは帯分数で求めましょう。【1問　10点】

① $2\frac{1}{3} - \frac{7}{9} =$

② $1\frac{1}{8} - \frac{3}{4} =$

③ $1\frac{1}{3} - \frac{2}{5} =$

④ $3\frac{1}{7} - \frac{1}{3} =$

⑤ $4\frac{2}{3} - 2\frac{5}{6} =$

⑥ $3\frac{2}{15} - 1\frac{3}{5} =$

⑦ $2\frac{1}{4} - 1\frac{2}{3} =$

⑧ $3\frac{1}{6} - \frac{5}{8} =$

27 分母がちがう分数のひき算⑥

1 ひき算をします。□にあう数を書きましょう。【1問　10点】

① $4\frac{1}{6} - 2\frac{2}{3} = 4\frac{1}{6} - 2\frac{\square}{6}$

$= 3\frac{\square}{6} - 2\frac{\square}{6}$

$= 1\frac{\square}{6} = 1\frac{\square}{2}$

約分（やくぶん）をわすれないように，注意しよう。

② $1\frac{1}{4} - \frac{5}{12} = 1\frac{3}{12} - \frac{\square}{12}$

$= \frac{\square}{12} - \frac{\square}{12}$

$= \frac{\square}{12} = \frac{\square}{6}$

2 ひき算をしましょう。答えは帯分数で求めましょう。【1問　10点】

① $1\frac{1}{3} - \frac{5}{6} =$

② $1\frac{2}{5} - \frac{9}{10} =$

③ $1\frac{1}{3} - \frac{7}{12} =$

④ $1\frac{1}{15} - \frac{2}{3} =$

⑤ $4\frac{5}{18} - 2\frac{1}{2} =$

⑥ $3\frac{2}{15} - 1\frac{4}{5} =$

⑦ $5\frac{1}{2} - 2\frac{5}{6} =$

⑧ $2\frac{1}{10} - \frac{5}{6} =$

28 分数の計算のまとめ

月　日

点

1 次の分数を約分(やくぶん)しましょう。【1問　5点】

① $\frac{12}{16}=$

② $\frac{15}{18}=$

③ $\frac{8}{24}=$

④ $\frac{14}{35}=$

2 たし算をしましょう。【1問　6点】

① $\frac{5}{7}+\frac{3}{7}=$

② $1\frac{2}{5}+1\frac{4}{5}=$

③ $\frac{1}{3}+\frac{2}{5}=$

④ $\frac{3}{4}+\frac{5}{6}=$

⑤ $1\frac{7}{10}+\frac{5}{6}=$

3 次の分数を通分しましょう。 【1問　5点】

① $\left(\frac{1}{3}, \frac{4}{9}\right)$ (　　,　　)

② $\left(\frac{2}{3}, \frac{3}{4}\right)$ (　　,　　)

③ $\left(\frac{3}{4}, \frac{4}{5}\right)$ (　　,　　)

④ $\left(\frac{6}{7}, \frac{7}{8}\right)$ (　　,　　)

4 ひき算をしましょう。 【1問　6点】

① $\frac{7}{9} - \frac{4}{9} =$

② $1\frac{1}{5} - \frac{2}{5} =$

③ $\frac{1}{3} - \frac{1}{4} =$

④ $3\frac{2}{5} - \frac{2}{3} =$

⑤ $2\frac{1}{3} - 1\frac{7}{12} =$

ヤッター！
これで終わり！
よくがんばったね。

答え 小学5年生 約分・通分をする分数の計算

1 仮分数と帯分数 P1・2

1 ① ㋐ $\frac{3}{2}$ ㋑ $\frac{5}{2}$

㋕ $1\frac{1}{2}$ ㋖ $2\frac{1}{2}$

② ㋒ $\frac{4}{3}$ ㋓ $\frac{7}{3}$ ㋔ $\frac{9}{3}$

㋗ $1\frac{1}{3}$ ㋘ $2\frac{1}{3}$

2 ① $1\frac{3}{4}$，1あまり3

② 4，4

③ $2\frac{5}{6}$ ④ 5

3 ① 7，7

② 8，8

③ $\frac{16}{7}$ ④ $\frac{29}{8}$

2 分母が同じ分数のたし算① P3・4

1 ① 4

② 5

③ 6

④ 7

⑤ 7

2 ① 5，$1\frac{1}{4}$ ② 4，$1\frac{1}{3}$

3 ① 3，1

② 2，1 ③ 12，1

4 ① $\frac{2}{3}$

② $\frac{6}{4}=1\frac{2}{4}$

③ $\frac{5}{5}=1$

④ $\frac{11}{7}=1\frac{4}{7}$

⑤ $\frac{14}{10}=1\frac{4}{10}$

3 分母が同じ分数のたし算② P5・6

1 ① $2\frac{3}{4}$

② $7\frac{2}{3}$

③ $4\frac{3}{5}$

④ $6\frac{5}{6}$

⑤ $3\frac{5}{7}$

⑥ $3\frac{8}{9}$

2 ① $2\frac{4}{5}$

② $3\frac{5}{8}$

③ $1\frac{5}{9}$

④ $2\frac{7}{10}$

3 ① $5\frac{5}{6}$

② $6\frac{1}{2}$

③ $6\frac{2}{3}$

④ $5\frac{3}{4}$

4 分母が同じ分数のたし算③ P7・8

1 ① $2\frac{5}{4}$，$3\frac{1}{4}$

② 4，1

③ 7，2

④ 8，$5\frac{2}{6}$

⑤ 10，$5\frac{3}{7}$

⑥ 14，$5\frac{5}{9}$

2 ① 3，4

② 2，3

③ 1，2

④ 4，2

⑤ 6，3

⑥ 7，5

⑦ $2\frac{8}{8}$，3

⑧ $3\frac{12}{12}$，4

5 分母が同じ分数のひき算①

P9・10

1 ① 1 ② 1 ③ 3 ④ 2 ⑤ 6

2 ① 2 ② 2 ③ 4 ④ 4 ⑤ 6

3 ① 2 ② 1 ③ 3 ④ 1 ⑤ 5

4 ① $\frac{4}{6}$ ② $\frac{6}{7}$ ③ $\frac{5}{8}$ ④ $\frac{4}{9}$ ⑤ $\frac{7}{10}$

6 分母が同じ分数のひき算②

P11・12

1 ① $1\frac{2}{5}$ ② $2\frac{1}{3}$ ③ $2\frac{2}{7}$

2 ① $3\frac{1}{4}$ ② 2 ③ $1\frac{3}{12}$

3 ① $1\frac{1}{2}$ ② $2\frac{3}{5}$ ③ $\frac{1}{3}$

4 ① $1\frac{1}{2}$ ② $\frac{1}{6}$ ③ $4\frac{3}{7}$ ④ $1\frac{2}{8}$ ⑤ $5\frac{3}{9}$ ⑥ $2\frac{3}{10}$ ⑦ $2\frac{9}{11}$

7 分母が同じ分数のひき算③

P13・14

1 ① $1\frac{2}{4}$ ② 4，2 ③ 6，$2\frac{3}{4}$

2 ① $3\frac{8}{5}-2\frac{4}{5}=1\frac{4}{5}$

② $2\frac{8}{6}-1\frac{5}{6}=1\frac{3}{6}$

③ $\frac{10}{7}-\frac{5}{7}=\frac{5}{7}$

④ $2\frac{10}{8}-2\frac{5}{8}=\frac{5}{8}$

⑤ $1\frac{13}{9}-\frac{7}{9}=1\frac{6}{9}$

⑥ $2\frac{13}{10}-1\frac{7}{10}=1\frac{6}{10}$

⑦ $1\frac{19}{12}-1\frac{11}{12}=\frac{8}{12}$

8 約分①

P15・16

1 ① 1 ② 1 ③ $\frac{2}{3}$ ④ $\frac{1}{4}$

2 ① 1 ② 1 ③ $\frac{2}{3}$ ④ $\frac{1}{4}$ ⑤ $\frac{3}{4}$

3 ① $\frac{1}{3}$ ② $\frac{2}{5}$ ③ $\frac{1}{2}$ ④ $\frac{1}{6}$ ⑤ $\frac{5}{6}$ ⑥ $\frac{2}{3}$ ⑦ $\frac{1}{4}$ ⑧ $\frac{7}{12}$ ⑨ $\frac{2}{5}$ ⑩ $\frac{1}{6}$

9 約分②

P17・18

1 ① $\frac{1}{2}$ ② $\frac{1}{3}$ ③ $\frac{2}{3}$

2 ① 2, $\frac{3}{4}$ ② 5, $\frac{1}{2}$ ③ 7, $\frac{1}{2}$

3 ① $\frac{1}{4}$ ② $\frac{1}{7}$ ③ $\frac{1}{2}$ ④ $\frac{1}{5}$ ⑤ $\frac{3}{5}$ ⑥ $\frac{1}{3}$ ⑦ $\frac{2}{3}$ ⑧ $\frac{2}{7}$ ⑨ $\frac{3}{5}$ ⑩ $\frac{4}{5}$

10 約分③

P19・20

1 ① $\frac{1}{2}$ ② $\frac{1}{3}$ ③ $\frac{2}{3}$

2 ① 6, $\frac{1}{2}$ ② 4, $\frac{1}{4}$ ③ 4, $\frac{2}{5}$

3 ① 2 ② 3 ③ 3 ④ 4 ⑤ 4 ⑥ 7

4 ① $\frac{1}{2}$ ② $\frac{3}{4}$ ③ $\frac{1}{3}$ ④ $\frac{2}{3}$ ⑤ $\frac{1}{5}$ ⑥ $\frac{1}{2}$ ⑦ $\frac{1}{4}$ ⑧ $\frac{1}{3}$ ⑨ $\frac{2}{3}$ ⑩ $\frac{3}{4}$

11 約分④

P21・22

1 ① 15, 3, 1
② 20, 1
③ 45, 3
④ 10, 1
⑤ 30, 1
⑥ 48, 4

2 ① $\frac{1}{4}$ ② $\frac{1}{4}$ ③ $\frac{1}{4}$ ④ $\frac{1}{3}$ ⑤ $\frac{1}{2}$ ⑥ $\frac{2}{3}$ ⑦ $\frac{1}{3}$ ⑧ $\frac{1}{6}$ ⑨ $\frac{3}{4}$ ⑩ $\frac{3}{5}$ ⑪ $\frac{4}{5}$ ⑫ $\frac{4}{5}$ ⑬ $\frac{4}{5}$ ⑭ $\frac{4}{5}$

12 通分①

P23・24

1 ① 2 ② 3 ③ 4 ④ 5 ⑤ 6 ⑥ 6 ⑦ 9 ⑧ 12 ⑨ 15

2 ① 4 ② 15 ③ 6 ④ 14 ⑤ 16 ⑥ 21 ⑦ 40 ⑧ 16 ⑨ 14 ⑩ 20 ⑪ 36

13 通分②

P25・26

1
① 16，20，24，28，32
② 18，24，30，36，42
③ 12，24，36，48，60
④ 18，36，54，72
⑤ 8，16，24，32

2
① 18
② 8

3
① 6
② 12
③ 24
④ 6
⑤ 15
⑥ 9
⑦ 12
⑧ 24

14 通分③

P27・28

1
① $\left(\frac{3}{12},\ \frac{8}{12}\right)$
② $\left(\frac{5}{20},\ \frac{8}{20}\right)$
③ $\left(\frac{9}{12},\ \frac{10}{12}\right)$
④ $\left(\frac{9}{24},\ \frac{10}{24}\right)$
⑤ $\left(\frac{9}{6},\ \frac{8}{6}\right)$
⑥ $\left(1\frac{8}{12},\ 1\frac{7}{12}\right)$

2
① $\left(\frac{3}{6},\ \frac{4}{6}\right)$
② $\left(\frac{6}{10},\ \frac{5}{10}\right)$
③ $\left(\frac{4}{12},\ \frac{9}{12}\right)$
④ $\left(\frac{12}{30},\ \frac{5}{30}\right)$
⑤ $\left(\frac{3}{18},\ \frac{4}{18}\right)$
⑥ $\left(\frac{9}{15},\ \frac{7}{15}\right)$
⑦ $\left(\frac{28}{20},\ \frac{25}{20}\right)$
⑧ $\left(1\frac{4}{24},\ 1\frac{3}{24}\right)$

15 分母がちがう分数のたし算①

P29・30

1
① 2，3
② 4，5
③ 3，5
④ 2，3
⑤ 4，7
⑥ 4，7

2
① $\frac{2}{8}+\frac{3}{8}=\frac{5}{8}$
② $\frac{3}{9}+\frac{4}{9}=\frac{7}{9}$
③ $\frac{2}{10}+\frac{1}{10}=\frac{3}{10}$
④ $\frac{1}{10}+\frac{8}{10}=\frac{9}{10}$
⑤ $\frac{6}{12}+\frac{1}{12}=\frac{7}{12}$
⑥ $\frac{4}{12}+\frac{7}{12}=\frac{11}{12}$
⑦ $\frac{5}{12}+\frac{2}{12}=\frac{7}{12}$
⑧ $\frac{9}{15}+\frac{4}{15}=\frac{13}{15}$

16 分母がちがう分数のたし算②

P31・32

1
① 3，2，5
② 8，3，11
③ 4，15，19
④ 6，5，11
⑤ 5，18，23
⑥ 4，5，9

2
① $\frac{12}{20}+\frac{5}{20}=\frac{17}{20}$
② $\frac{7}{21}+\frac{12}{21}=\frac{19}{21}$
③ $\frac{3}{24}+\frac{16}{24}=\frac{19}{24}$
④ $\frac{10}{30}+\frac{9}{30}=\frac{19}{30}$
⑤ $\frac{10}{35}+\frac{21}{35}=\frac{31}{35}$
⑥ $\frac{8}{36}+\frac{27}{36}=\frac{35}{36}$
⑦ $\frac{30}{42}+\frac{7}{42}=\frac{37}{42}$
⑧ $\frac{9}{45}+\frac{20}{45}=\frac{29}{45}$

17 分母がちがう分数のたし算③

P33・34

1
① 3, 2, 5
② 15, 2, 17
③ 3, 20, 23
④ 10, 9, 19

2
① $\frac{9}{12}+\frac{2}{12}=\frac{11}{12}$
② $\frac{3}{18}+\frac{4}{18}=\frac{7}{18}$
③ $\frac{8}{18}+\frac{3}{18}=\frac{11}{18}$
④ $\frac{6}{20}+\frac{5}{20}=\frac{11}{20}$
⑤ $\frac{3}{24}+\frac{4}{24}=\frac{7}{24}$
⑥ $\frac{4}{24}+\frac{9}{24}=\frac{13}{24}$
⑦ $\frac{9}{24}+\frac{2}{24}=\frac{11}{24}$
⑧ $\frac{4}{36}+\frac{3}{36}=\frac{7}{36}$

18 分母がちがう分数のたし算④

P35・36

1
① 25, 3, 28, 14
② 3, 4, 2
③ 8, 9, 3
④ 3, 2, 5
⑤ 8, 15, 3

2
① $\frac{2}{10}+\frac{3}{10}=\frac{5}{10}=\frac{1}{2}$
② $\frac{4}{12}+\frac{5}{12}=\frac{9}{12}=\frac{3}{4}$
③ $\frac{5}{12}+\frac{3}{12}=\frac{8}{12}=\frac{2}{3}$
④ $\frac{5}{18}+\frac{4}{18}=\frac{9}{18}=\frac{1}{2}$
⑤ $\frac{3}{20}+\frac{5}{20}=\frac{8}{20}=\frac{2}{5}$
⑥ $\frac{4}{20}+\frac{1}{20}=\frac{5}{20}=\frac{1}{4}$
⑦ $\frac{3}{30}+\frac{22}{30}=\frac{25}{30}=\frac{5}{6}$
⑧ $\frac{5}{30}+\frac{3}{30}=\frac{8}{30}=\frac{4}{15}$

19 分母がちがう分数のたし算⑤

P37・38

1
① 3, 10, 13, 1
② 10, 9, 19, 4
③ 3, 8, 4, 1
④ 4, 15, 5, 1

2
① $\frac{4}{6}+\frac{3}{6}=\frac{7}{6}=1\frac{1}{6}$
② $\frac{6}{8}+\frac{5}{8}=\frac{11}{8}=1\frac{3}{8}$
③ $\frac{9}{12}+\frac{4}{12}=\frac{13}{12}=1\frac{1}{12}$
④ $\frac{16}{20}+\frac{5}{20}=\frac{21}{20}=1\frac{1}{20}$
⑤ $\frac{4}{6}+\frac{5}{6}=\frac{9}{6}=\frac{3}{2}=1\frac{1}{2}$
⑥ $\frac{15}{20}+\frac{7}{20}=\frac{22}{20}=\frac{11}{10}=1\frac{1}{10}$
⑦ $\frac{9}{30}+\frac{25}{30}=\frac{34}{30}=\frac{17}{15}=1\frac{2}{15}$
⑧ $\frac{13}{15}+\frac{5}{15}=\frac{18}{15}=\frac{6}{5}=1\frac{1}{5}$

20 分母がちがう分数のたし算⑥

P39・40

1
① 3, 2, 5
② 5, 12, 17
③ 2, 3, 1
④ 5, 8, 4

2
① $3\frac{1}{4}+2\frac{2}{4}=5\frac{3}{4}$
② $1\frac{5}{10}+1\frac{4}{10}=2\frac{9}{10}$
③ $2\frac{3}{12}+1\frac{8}{12}=3\frac{11}{12}$
④ $1\frac{9}{12}+3\frac{2}{12}=4\frac{11}{12}$
⑤ $1\frac{4}{10}+2\frac{1}{10}=3\frac{5}{10}=3\frac{1}{2}$

⑥ $2\frac{1}{12}+2\frac{9}{12}=4\frac{10}{12}=4\frac{5}{6}$

⑦ $1\frac{5}{15}+1\frac{1}{15}=2\frac{6}{15}=2\frac{2}{5}$

⑧ $1\frac{8}{21}+2\frac{6}{21}=3\frac{14}{21}=3\frac{2}{3}$

21 分母がちがう分数のたし算⑦

P41・42

1
① 4, 9, 13, 1
② 3, 4, 7, 1
③ 14, 25, 39, 13, 3

2
① $1\frac{4}{8}+\frac{5}{8}=1\frac{9}{8}=2\frac{1}{8}$

② $\frac{15}{20}+3\frac{8}{20}=3\frac{23}{20}=4\frac{3}{20}$

③ $\frac{16}{24}+3\frac{9}{24}=3\frac{25}{24}=4\frac{1}{24}$

④ $3\frac{15}{18}+1\frac{14}{18}=4\frac{29}{18}=5\frac{11}{18}$

⑤ $3\frac{4}{6}+\frac{5}{6}=3\frac{9}{6}=3\frac{3}{2}=4\frac{1}{2}$

⑥ $2\frac{5}{10}+\frac{7}{10}=2\frac{12}{10}=2\frac{6}{5}=3\frac{1}{5}$

⑦ $2\frac{9}{12}+1\frac{5}{12}=3\frac{14}{12}=3\frac{7}{6}=4\frac{1}{6}$

22 分母がちがう分数のひき算①

P43・44

1
① 2, 1
② 2, 1
③ 4, 1
④ 8, 7
⑤ 3, 1
⑥ 10, 5

2
① $\frac{2}{6}-\frac{1}{6}=\frac{1}{6}$

② $\frac{4}{8}-\frac{1}{8}=\frac{3}{8}$

③ $\frac{4}{8}-\frac{3}{8}=\frac{1}{8}$

④ $\frac{6}{8}-\frac{3}{8}=\frac{3}{8}$

⑤ $\frac{3}{9}-\frac{1}{9}=\frac{2}{9}$

⑥ $\frac{6}{9}-\frac{2}{9}=\frac{4}{9}$

⑦ $\frac{20}{30}-\frac{3}{30}=\frac{17}{30}$

23 分母がちがう分数のひき算②

P45・46

1
① 5, 4, 1
② 9, 2, 7
③ 10, 3, 7
④ 15, 4, 11
⑤ 16, 15, 1
⑥ 35, 12, 23

2
① $\frac{5}{10}-\frac{2}{10}=\frac{3}{10}$

② $\frac{8}{10}-\frac{5}{10}=\frac{3}{10}$

③ $\frac{9}{15}-\frac{5}{15}=\frac{4}{15}$

④ $\frac{5}{15}-\frac{3}{15}=\frac{2}{15}$

⑤ $\frac{5}{20}-\frac{4}{20}=\frac{1}{20}$

⑥ $\frac{15}{12}-\frac{4}{12}=\frac{11}{12}$

⑦ $\frac{20}{18}-\frac{15}{18}=\frac{5}{18}$

24 分母がちがう分数のひき算③

P47・48

1
① 4, 3, 1
② 3, 2, 1
③ 27, 25, 2, 1
④ 3, 2, 1
⑤ 12, 5, 1
⑥ 3, 10, 5

2
① $\frac{5}{10}-\frac{1}{10}=\frac{4}{10}=\frac{2}{5}$

② $\frac{8}{10}-\frac{3}{10}=\frac{5}{10}=\frac{1}{2}$

③ $\frac{7}{10}-\frac{2}{10}=\frac{5}{10}=\frac{1}{2}$

④ $\frac{11}{10}-\frac{6}{10}=\frac{5}{10}=\frac{1}{2}$

⑤ $\frac{14}{15}-\frac{5}{15}=\frac{9}{15}=\frac{3}{5}$

⑥ $\frac{7}{20}-\frac{5}{20}=\frac{2}{20}=\frac{1}{10}$

⑦ $\frac{35}{30}-\frac{21}{30}=\frac{14}{30}=\frac{7}{15}$

25 分母がちがう分数のひき算④

P49・50

1
① 3，2，1
② 4，3，1
③ 10，3，7

2
① $3\frac{5}{6}-1\frac{2}{6}=2\frac{3}{6}=2\frac{1}{2}$
② $3\frac{3}{9}-1\frac{2}{9}=2\frac{1}{9}$
③ $2\frac{5}{10}-1\frac{3}{10}=1\frac{2}{10}=1\frac{1}{5}$
④ $4\frac{7}{10}-2\frac{5}{10}=2\frac{2}{10}=2\frac{1}{5}$
⑤ $3\frac{5}{20}-1\frac{2}{20}=2\frac{3}{20}$
⑥ $2\frac{20}{24}-1\frac{3}{24}=1\frac{17}{24}$
⑦ $2\frac{21}{28}-1\frac{20}{28}=1\frac{1}{28}$

26 分母がちがう分数のひき算⑤

P51・52

1
① 3，4，9，4
② 6，25，36，25，11

2
① $2\frac{3}{9}-\frac{7}{9}=1\frac{12}{9}-\frac{7}{9}=1\frac{5}{9}$
② $1\frac{1}{8}-\frac{6}{8}=\frac{9}{8}-\frac{6}{8}=\frac{3}{8}$
③ $1\frac{5}{15}-\frac{6}{15}=\frac{20}{15}-\frac{6}{15}=\frac{14}{15}$
④ $3\frac{3}{21}-\frac{7}{21}=2\frac{24}{21}-\frac{7}{21}=2\frac{17}{21}$
⑤ $4\frac{4}{6}-2\frac{5}{6}=3\frac{10}{6}-2\frac{5}{6}=1\frac{5}{6}$
⑥ $3\frac{2}{15}-1\frac{9}{15}=2\frac{17}{15}-1\frac{9}{15}=1\frac{8}{15}$
⑦ $2\frac{3}{12}-1\frac{8}{12}=1\frac{15}{12}-1\frac{8}{12}=\frac{7}{12}$
⑧ $3\frac{4}{24}-\frac{15}{24}=2\frac{28}{24}-\frac{15}{24}=2\frac{13}{24}$

27 分母がちがう分数のひき算⑥

P53・54

1
① 4，7，4，3，1
② 5，15，5，10，5

2
① $1\frac{2}{6}-\frac{5}{6}=\frac{8}{6}-\frac{5}{6}=\frac{3}{6}=\frac{1}{2}$
② $1\frac{4}{10}-\frac{9}{10}=\frac{14}{10}-\frac{9}{10}=\frac{5}{10}=\frac{1}{2}$
③ $1\frac{4}{12}-\frac{7}{12}=\frac{16}{12}-\frac{7}{12}=\frac{9}{12}=\frac{3}{4}$
④ $1\frac{1}{15}-\frac{10}{15}=\frac{16}{15}-\frac{10}{15}=\frac{6}{15}=\frac{2}{5}$
⑤ $4\frac{5}{18}-2\frac{9}{18}=3\frac{23}{18}-2\frac{9}{18}$
$=1\frac{14}{18}=1\frac{7}{9}$
⑥ $3\frac{2}{15}-1\frac{12}{15}=2\frac{17}{15}-1\frac{12}{15}=1\frac{5}{15}$
$=1\frac{1}{3}$
⑦ $5\frac{3}{6}-2\frac{5}{6}=4\frac{9}{6}-2\frac{5}{6}=2\frac{4}{6}=2\frac{2}{3}$
⑧ $2\frac{3}{30}-\frac{25}{30}=1\frac{33}{30}-\frac{25}{30}=1\frac{8}{30}=1\frac{4}{15}$

28 分数の計算のまとめ

P55・56

1

① $\frac{3}{4}$

② $\frac{5}{6}$

③ $\frac{1}{3}$

④ $\frac{2}{5}$

2

① $\frac{8}{7}=1\frac{1}{7}$

② $2\frac{6}{5}=3\frac{1}{5}$

③ $\frac{5}{15}+\frac{6}{15}=\frac{11}{15}$

④ $\frac{9}{12}+\frac{10}{12}=\frac{19}{12}=1\frac{7}{12}$

⑤ $1\frac{21}{30}+\frac{25}{30}=1\frac{46}{30}=1\frac{23}{15}=2\frac{8}{15}$

3

① $\left(\frac{3}{9},\ \frac{4}{9}\right)$

② $\left(\frac{8}{12},\ \frac{9}{12}\right)$

③ $\left(\frac{15}{20},\ \frac{16}{20}\right)$

④ $\left(\frac{48}{56},\ \frac{49}{56}\right)$

4

① $\frac{3}{9}=\frac{1}{3}$

② $\frac{6}{5}-\frac{2}{5}=\frac{4}{5}$

③ $\frac{4}{12}-\frac{3}{12}=\frac{1}{12}$

④ $3\frac{6}{15}-\frac{10}{15}=2\frac{21}{15}-\frac{10}{15}=2\frac{11}{15}$

⑤ $2\frac{4}{12}-1\frac{7}{12}=1\frac{16}{12}-1\frac{7}{12}$

$=\frac{9}{12}=\frac{3}{4}$